Welt der Zahl 2

ISBN 978-3-8377-**4252**-7

Ich kann's!

Name:	Klasse:

Ich habe die Übungen erfolgreich bearbeitet am:

Wiederholung: Addieren

Welche Zahl fehlt?

1. 2 + ___ = 10
2. 4 + ___ = 10
3. 6 + ___ = 10
4. ___ + 7 = 10
5. ___ + 1 = 10
6. ___ + 10 = 10

7. 18 + ___ = 20
8. 15 + ___ = 20
9. 3 + ___ = 20
10. 6 + ___ = 20
11. ___ + 10 = 20
12. ___ + 19 = 20

Lösung	0	1	2	3	4	5	6	8	9	10	14	17
Feld	8	2	6	12	10	1	7	11	4	3	5	9

Rechenstrategien beim Addieren

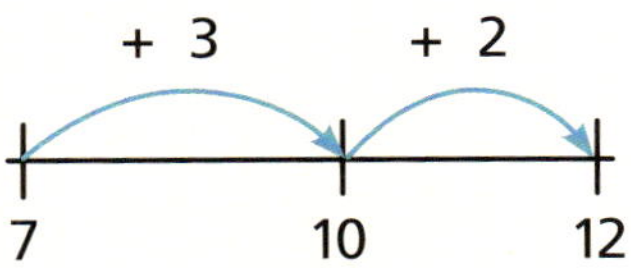

1. 7 + 5 = ___
2. 9 + 5 = ___
3. 6 + 9 = ___
4. 8 + 5 = ___
5. 9 + 8 = ___
6. 4 + 7 = ___

Lösung	11	12	13	14	15	17
Feld	10	11	12	9	8	2

Denke erst an die kleine Schwester! Dann löse die Aufgabe!

7. 12 + 5 = ___
8. 15 + 4 = ___
9. 13 + 3 = ___
10. 11 + 4 = ___
11. 2 + 12 = ___
12. 5 + 13 = ___

Lösung	14	15	16	17	18	19
Feld	1	5	7	6	4	3

Welche Zahl fehlt?

1.	12 – ___ = 10	4.	___ – 8 = 10
2.	18 – ___ = 10	5.	___ – 5 = 10
3.	17 – ___ = 10	6.	___ – 3 = 10

Lösung	2	7	8	13	15	18
Feld	3	6	1	8	12	4

7.	13 – 8 = ___	9.	11 – 4 = ___	11.	13 – 9 = ___
8.	15 – 7 = ___	10.	12 – 6 = ___	12.	11 – 8 = ___

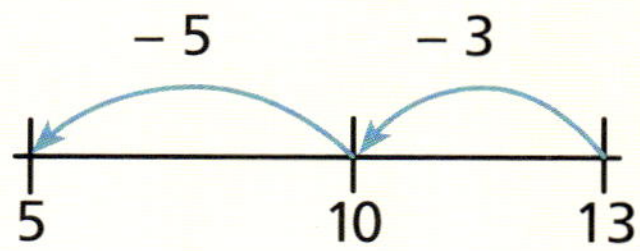

Lösung	3	4	5	6	7	8
Feld	2	5	10	9	11	7

Rechenstrategien beim Subtrahieren

Denke erst an die kleine Schwester! Dann löse die Aufgabe!

1.	16 – 5 = ___	3.	17 – 4 = ___	5.	18 – 4 = ___
2.	19 – 3 = ___	4.	19 – 2 = ___	6.	17 – 2 = ___

Lösung	11	13	14	15	16	17
Feld	11	8	2	9	10	6

Denke an den Tipp für die 9!

7.	16 – 9 = ___	9.	18 – 9 = ___	11.	17 – 9 = ___
8.	14 – 9 = ___	10.	11 – 9 = ___	12.	15 – 9 = ___

Lösung	2	5	6	7	8	9
Feld	5	4	3	12	7	1

Kreative Aufgaben: Minus-Trauben

13 | 4
(leere Beere)

13 | 4 → 1.

20 | 5 → 2.

8 | 8 → 3.

15 | 9 | 5 → 4. | 5. → 6.

21 | 2 | 1 → 7. | 8. → 9.

18 | 6 | 1 → 10. | 11. → 12.

Lösung	Feld
0	2
1	11
2	6
4	8
5	7
6	10
7	12
9	9
12	3
15	5
18	1
19	4

Kreative Aufgaben: Zahlenmauern

1.
9 | 5

2.
10 | 11

3.
13 | 4

6.
4. | 5.
7 | 2 | 5

9.
7. | 8.
4 | 8 | 0

12.
10 | 5
10. | 5 | 11.

Lösung	Feld
0	7
5	11
7	8
8	3
9	6
12	12
14	5
15	4
16	10
17	2
20	1
21	9

Wie heißt die fehlende Zahl?

1. 12 3 ___
2. 6 7 ___
3. 2 ___ 11
4. ___ 6 10
5. 7 4 ___
6. ___ 1 15
7. 0 ___ 8
8. ___ 6 16
9. ___ 8 11
10. 15 ___ 20
11. 12 ___ 12
12. 9 9 ___

Lösung	0	3	4	5	8	9	10	11	13	14	15	18
Feld	10	4	1	8	7	3	12	9	6	5	2	11

Das kannst du auch!

1. 6 + ___ = 12	4. ___ + 4 = 13	7. ___ + 8 = 10	10. 7 + ___ = 15
2. 6 + ___ = 21	5. ___ + 4 = 15	8. ___ + 8 = 15	11. 7 + ___ = 20
3. 6 + ___ = 18	6. ___ + 4 = 20	9. ___ + 8 = 13	12. 7 + ___ = 17

Lösung	2	5	6	7	8	9	10	11	12	13	15	16
Feld	2	11	7	10	1	8	9	6	12	5	4	3

	Was sieht Zahlix?		Was sieht Zahline?	
hinten links:	1. 4	10	2. 6	8
Mitte rechts:	3. 11	1	4. 9	5
vorne links:	5. 7	5	6. 12	7
hinten rechts:	7. 3	9	8. 2	10
Mitte links:	9. 2	12	10. 11	4
vorne rechts:	11. 3	6	12. 8	1

Was siehst du auf dem Schulhof?

1. genau in der Mitte: 2 · 10	4. vorne rechts: 7 · 11	7. rechts in der Mitte: 8 · 1
2. hinten rechts: 9 · 12	5. links in der Mitte: 1 · 10	8. vorne links: 6 · 2
3. vorne in der Mitte: 3 · 4	6. hinten links: 5 · 2	9. hinten in der Mitte: 11 · 3

In welche Richtung musst du gehen, wenn du …

10. … zu Zahline gehen möchtest.	nach links	1	nach rechts	8
11. … zu den Pedalos gehen möchtest.	nach links	7	geradeaus	9
12. … zu Zahlix gehen möchtest.	geradeaus	12	nach links	11

Wie viele Stifte sind es?

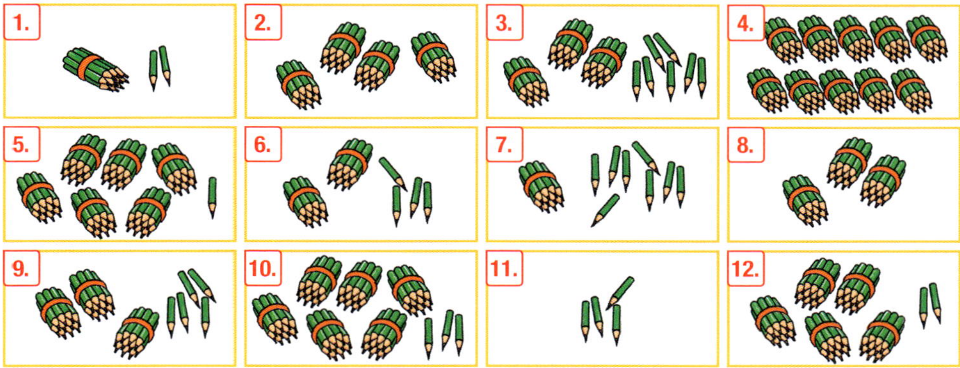

Lösung	4	12	18	24	30	35	37	40	52	61	63	100
Feld	7	5	12	4	9	1	2	3	10	8	11	6

Ordne den Zahlen die Geheimschrift zu!

1. 45	2. 14	3. 100	4. 27	5. 34	6. 72
7. 20	8. 51	9. 41	10. 53	11. 32	12. 23

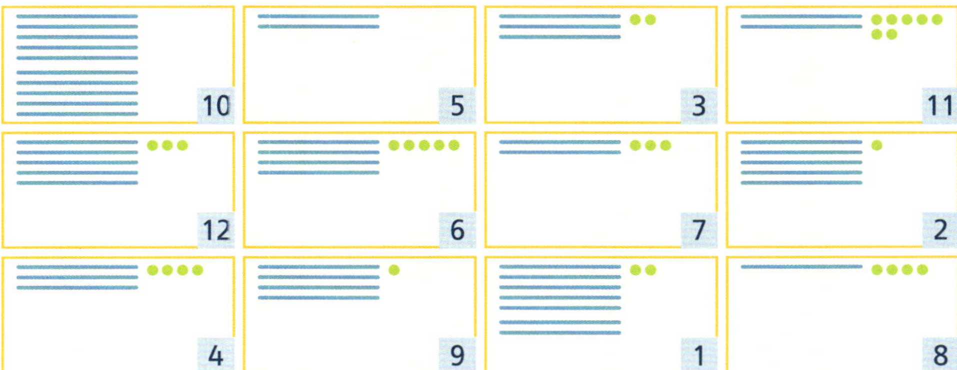

Hunderterkette

Wo liegen die Stifte?

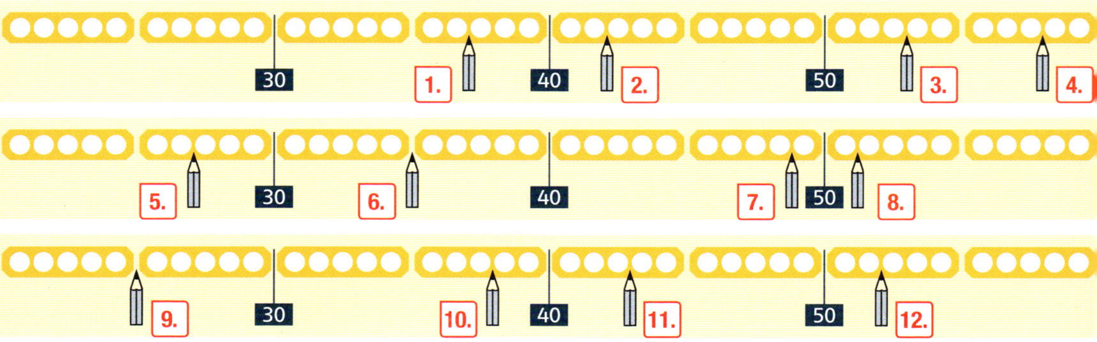

Lösung	25	27	35	37	38	42	43	49	51	52	53	58
Feld	8	1	4	12	6	3	2	5	9	10	7	11

Vorgänger und Nachfolger

Wie heißt der Vorgänger von				Wie heißt der Nachfolger von			
1. 11	2. 52	3. 90	4. 100	5. 8	6. 49	7. 91	8. 97

9. Vorgänger	10. Vorgänger	ZAHL 55	11. Nachfolger	12. Nachfolger

Lösung	9	10	50	51	53	54	56	57	89	92	98	99
Feld	5	3	7	8	12	9	6	1	11	10	2	4

Größer oder kleiner?

1. 23 ? 32	2. 51 ? 47	3. 87 ? 79	4. 0 ? 100
< 7 > 8	< 9 > 3	< 5 > 12	< 2 > 1
5. 71 ? 17	6. 100 ? 99	7. 99 ? 66	8. 43 ? 44
< 11 > 6	< 10 > 4	< 7 > 8	< 9 > 3
9. 89 ? 91	10. 53 ? 58	11. 89 ? 90	12. 74 ? 47
< 5 > 12	< 1 > 2	< 11 > 6	< 4 > 10

Addieren in einem Zehner

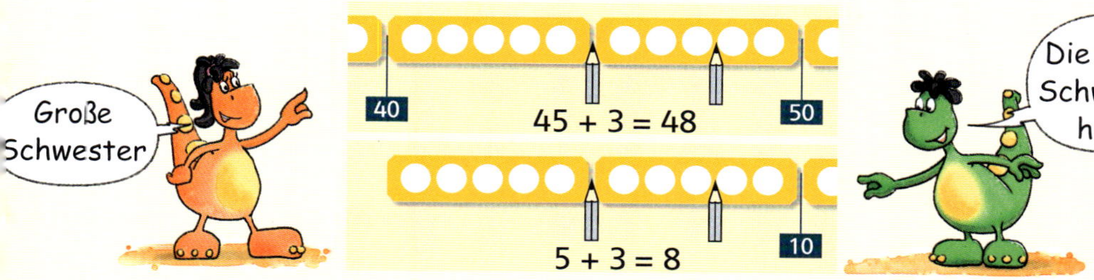

1. 5 + 3 = ____	5. 2 + 4 = ____	9. 4 + 3 = ____
2. 25 + 3 = ____	6. 12 + 4 = ____	10. 44 + 3 = ____
3. 65 + 3 = ____	7. 42 + 4 = ____	11. 64 + 3 = ____
4. 95 + 3 = ____	8. 92 + 4 = ____	12. 94 + 3 = ____

Lösung	6	7	8	16	28	46	47	67	68	96	97	98
Feld	1	2	12	9	10	11	6	8	7	4	3	5

Kennst du noch die Zahlenfreunde?

8

1. 5 + ____ = 8
2. ____ + 2 = 8
3. ____ + 6 = 8
4. 4 + ____ = 8
5. 8 + ____ = 8
6. ____ + 3 = 8

Lösung	Feld
0	3
2	9
3	12
4	5
5	7
6	2

10

7. 8 + ____ = 10
8. ____ + 5 = 10
9. ____ + 6 = 10
10. 3 + ____ = 10
11. 4 + ____ = 10
12. ____ + 0 = 10

Lösung	Feld
2	11
4	10
5	8
6	4
7	6
10	1

Vor zur nächsten Zehnerzahl

1. 87 + ____ = 90	4. 56 + ____ = 60	7. 23 + ____ = ____ 8.
2. 54 + ____ = 60	5. 31 + ____ = 40	9. 89 + ____ = ____ 10.
3. 45 + ____ = 50	6. 92 + ____ = 100	11. 78 + ____ = ____ 12.

Lösung	1	2	3	4	5	6	7	8	9	30	80	90
Feld	12	6	4	3	11	8	9	7	5	2	1	10

Addieren mit Überschreiten

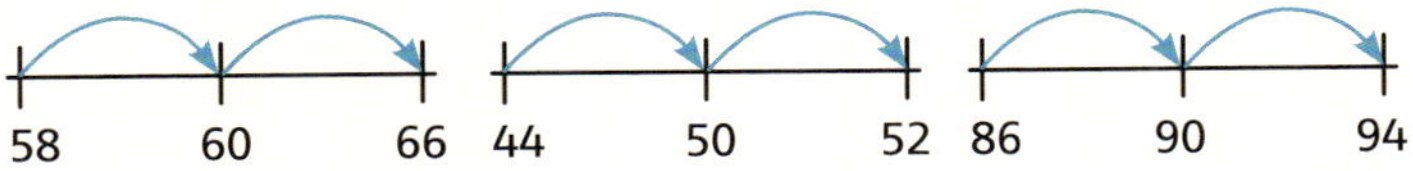

Die Zahlenfreunde zur 8 helfen dir!

1 + 7 7 + 1
2 + 6 6 + 2
3 + 5 5 + 3
4 + 4

1. 58 + 8 = ___	5. 44 + 8 = ___	9. 86 + 8 = ___
2. 53 + 8 = ___	6. 47 + 8 = ___	10. 83 + 8 = ___
3. 55 + 8 = ___	7. 49 + 8 = ___	11. 87 + 8 = ___
4. 59 + 8 = ___	8. 45 + 8 = ___	12. 84 + 8 = ___

Lösung	52	53	55	57	61	63	66	67	91	92	94	95
Feld	6	4	9	8	10	12	7	2	1	3	5	11

Denke beim Rechnen an die Zahlenfreunde!

1. 58 + 5 = ___	4. 63 + 9 = ___	7. 25 + 6 = ___	10. 46 + 6 = ___
2. 55 + 9 = ___	5. 68 + 3 = ___	8. 29 + 3 = ___	11. 42 + 9 = ___
3. 57 + 5 = ___	6. 67 + 7 = ___	9. 28 + 8 = ___	12. 48 + 5 = ___

Lösung	31	32	36	51	52	53	62	63	64	71	72	74
Feld	3	11	7	1	4	6	2	10	5	8	9	12

Denke an die Tauschaufgabe!

1. 5 + 27 = ___	4. 9 + 52 = ___	7. 5 + 46 = ___	10. 4 + 58 = ___
2. 8 + 83 = ___	5. 7 + 64 = ___	8. 2 + 79 = ___	11. 9 + 76 = ___
3. 6 + 47 = ___	6. 4 + 89 = ___	9. 8 + 64 = ___	12. 7 + 28 = ___

Lösung	32	35	51	53	61	62	71	72	81	85	91	93
Feld	2	11	7	4	1	8	10	3	12	9	6	5

Subtrahieren in einem Zehner

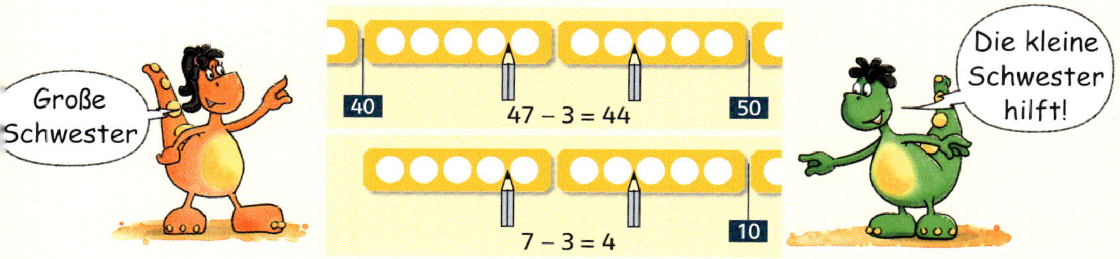

Denke erst an die kleine Schwester! Dann rechne die Aufgabe!

1. 47 – 3 = ___	5. 87 – 4 = ___	9. 48 – 5 = ___
2. 38 – 5 = ___	6. 24 – 2 = ___	10. 94 – 1 = ___
3. 67 – 5 = ___	7. 29 – 6 = ___	11. 68 – 7 = ___
4. 39 – 7 = ___	8. 56 – 3 = ___	12. 53 – 2 = ___

Lösung	22	23	32	33	43	44	51	53	61	62	83	93
Feld	7	11	5	2	4	12	1	8	10	3	9	6

Zurück zur Zehnerzahl

1. 31 – ___ = 30	4. 45 – ___ = 40	7. 23 – ___ = ___ 8.
2. 54 – ___ = 50	5. 87 – ___ = 80	9. 89 – ___ = ___ 10.
3. 56 – ___ = 50	6. 92 – ___ = 90	11. 78 – ___ = ___ 12.

Lösung	1	2	3	4	5	6	7	8	9	20	70	80
Feld	3	1	10	8	4	11	5	12	6	2	7	9

Zurück von der Zehnerzahl

1. 50 – 8 = ___	4. 40 – 9 = ___	7. 60 – 4 = ___	10. 30 – 1 = ___
2. 40 – 3 = ___	5. 80 – 2 = ___	8. 30 – 9 = ___	11. 40 – 2 = ___
3. 90 – 5 = ___	6. 50 – 6 = ___	9. 20 – 6 = ___	12. 80 – 5 = ___

Lösung	14	21	29	31	37	38	42	44	56	75	78	85
Feld	3	2	12	11	8	9	6	1	5	7	10	4

Subtrahieren mit Überschreiten

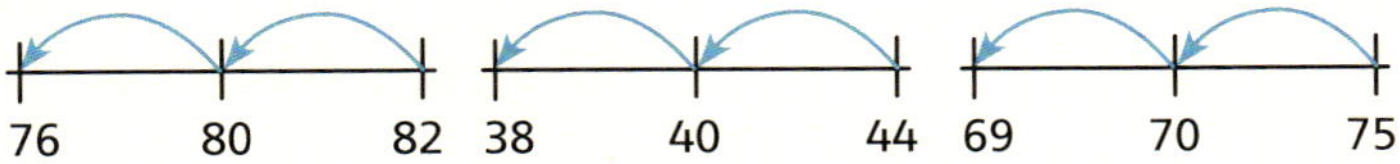

Die Zahlenfreunde zur 6 helfen dir!

1. 82 – 6 = ____	5. 44 – 6 = ____	9. 75 – 6 = ____
2. 85 – 6 = ____	6. 42 – 6 = ____	10. 73 – 6 = ____
3. 84 – 6 = ____	7. 41 – 6 = ____	11. 71 – 6 = ____
4. 81 – 6 = ____	8. 45 – 6 = ____	12. 74 – 6 = ____

6

1 + 5 5 + 1
2 + 4 4 + 2
3 + 3

Lösung	35	36	38	39	65	67	68	69	75	76	78	79
Feld	2	3	12	10	5	7	9	11	8	1	6	4

Denke beim Rechnen an die Zahlenfreunde!

1. 53 – 5 = ____	4. 46 – 7 = ____	7. 35 – 7 = ____	10. 61 – 6 = ____
2. 55 – 9 = ____	5. 43 – 9 = ____	8. 32 – 3 = ____	11. 64 – 8 = ____
3. 51 – 8 = ____	6. 45 – 8 = ____	9. 34 – 8 = ____	12. 62 – 5 = ____

Lösung	26	28	29	34	37	39	43	46	48	55	56	57
Feld	4	2	5	9	6	8	3	11	1	7	10	12

1. 62 – 7 = ____	4. 18 – 9 = ____	7. 31 – 7 = ____	10. 53 – 6 = ____
2. 24 – 6 = ____	5. 33 – 6 = ____	8. 64 – 8 = ____	11. 77 – 9 = ____
3. 55 – 9 = ____	6. 45 – 8 = ____	9. 92 – 3 = ____	12. 82 – 4 = ____

Lösung	9	18	24	27	37	46	47	55	56	68	78	89
Feld	5	9	11	7	10	1	12	6	3	8	4	2

Rechne die Minus-Aufgabe. Dann finde die Plus-Aufgabe mit dem gleichen Ergebnis!

1.	42 – 8 = ____
2.	86 – 5 = ____
3.	72 – 7 = ____
4.	100 – 6 = ____
5.	55 – 7 = ____
6.	47 – 5 = ____
7.	53 – 8 = ____
8.	81 – 7 = ____
9.	97 – 6 = ____
10.	70 – 8 = ____
11.	94 – 5 = ____
12.	61 – 6 = ____

Lösung	Feld
26 + 8	9
37 + 5	5
37 + 8	4
41 + 7	1
49 + 6	11
54 + 8	3
58 + 7	7
67 + 7	6
76 + 5	12
84 + 5	8
85 + 6	2
88 + 6	10

Noch mehr Übungen

1.	42 – 5 = ____	7.	26 + 7 = ____
2.	19 + 7 = ____	8.	75 + 8 = ____
3.	85 – 8 = ____	9.	50 – 8 = ____
4.	57 + 6 = ____	10.	14 – 5 = ____
5.	68 + 4 = ____	11.	66 + 8 = ____
6.	46 – 8 = ____	12.	52 – 7 = ____

Lösung	9	26	33	37	38	42	45	63	72	74	77	83
Feld	8	12	1	2	5	9	11	7	4	3	10	6

Ergänzen beim Addieren

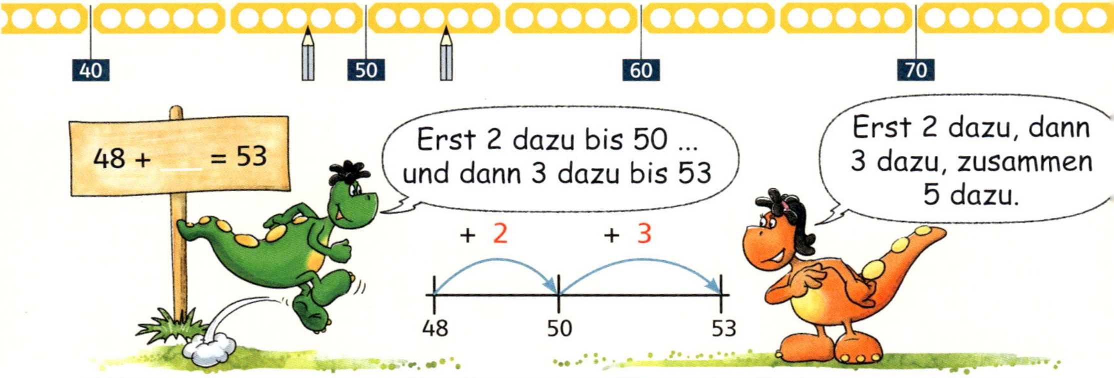

Welche Zahl fehlt?

1. 48 + ___ = 53	4. 56 + ___ = 65	7. 47 + ___ = 52	10. 55 + ___ = 64
2. 45 + ___ = 53	5. 67 + ___ = 71	8. 47 + ___ = 54	11. 57 + ___ = 61
3. 59 + ___ = 66	6. 69 + ___ = 75	9. 58 + ___ = 64	12. 68 + ___ = 71

Lösung	4	5	6	7	8	9	Lösung	3	4	5	6	7	9
Feld	12	4	2	6	1	3	Feld	8	11	9	5	7	10

Zahlenmauern

Welche Zahlen fehlen?

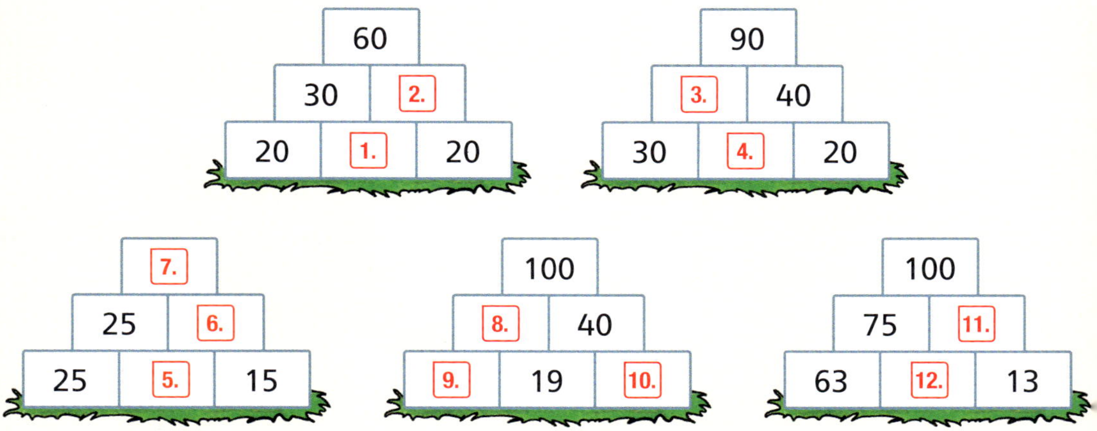

Lösung	0	10	12	15	20	21	25	30	40	41	50	60
Feld	9	5	8	2	6	11	10	1	12	4	3	7

Ergänzen beim Subtrahieren

Welche Zahl fehlt?

1. 88 – ___ = 79	4. 74 – ___ = 66	7. 83 – ___ = 79	10. 74 – ___ = 69
2. 85 – ___ = 78	5. 82 – ___ = 77	8. 83 – ___ = 76	11. 94 – ___ = 88
3. 72 – ___ = 66	6. 91 – ___ = 88	9. 72 – ___ = 69	12. 77 – ___ = 68

Lösung	3	5	6	7	8	9	Lösung	3	4	5	6	7	9
Feld	11	7	1	6	9	10	Feld	8	3	4	2	12	5

Minus-Trauben

Welche Zahlen fehlen?

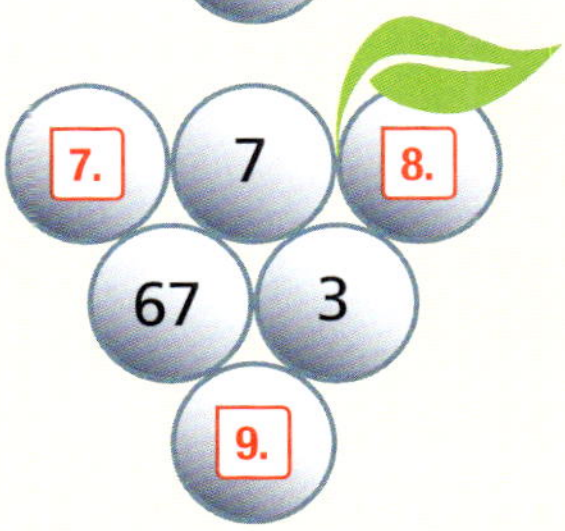

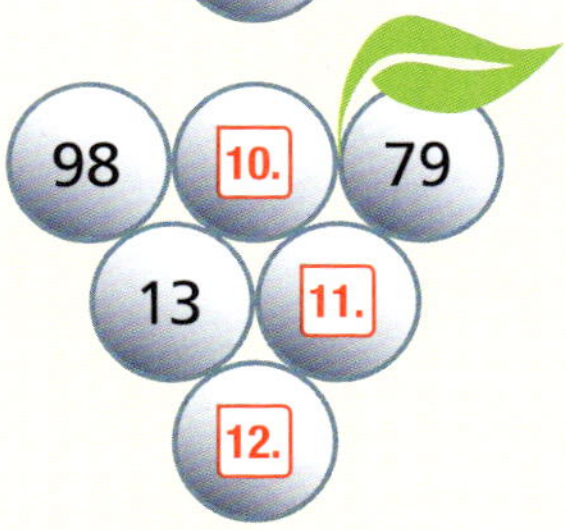

Lösung	Feld
4	5
6	3
7	12
10	11
45	4
46	10
47	6
64	9
74	2
84	1
85	7
100	8

Rechnen mit Geld

Wie viel € kostet es zusammen?

Wie viel € bekommt jedes Kind zurück?

1. Zusammen: ____ €
2. Zurück: ____ €

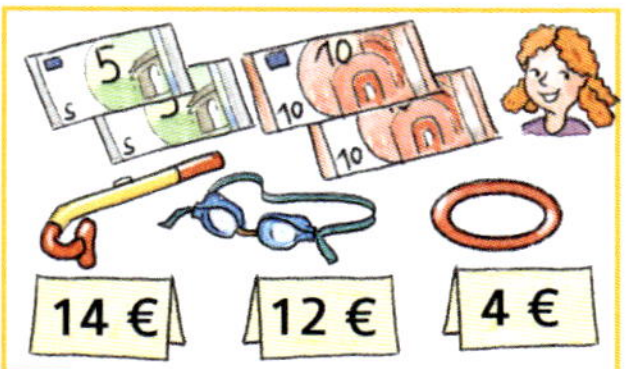

3. Zusammen: ____ €
4. Zurück: ____ €

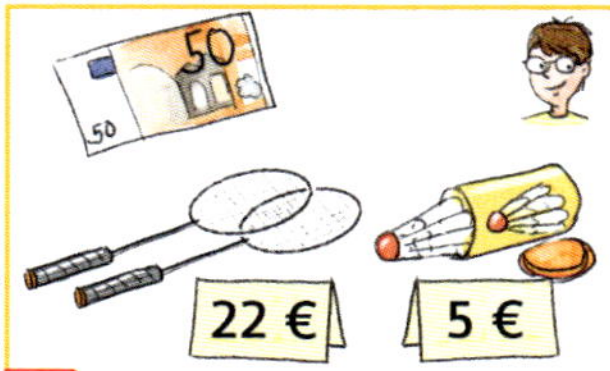

5. Zusammen: ____ €
6. Zurück: ____ €

7. Zusammen: ____ €
8. Zurück: ____ €

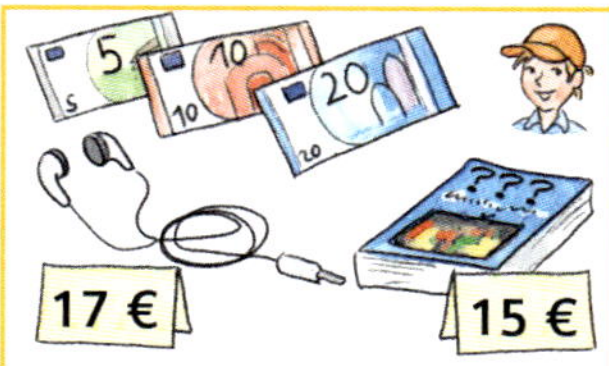

9. Zusammen: ____ €
10. Zurück: ____ €

11. Zusammen: ____ €
12. Zurück: ____ €

Lösung	0 €	3 €	5 €	23 €	27 €	30 €	31 €	32 €	35 €	48 €	52 €	69 €
Feld	11	12	4	3	7	1	5	8	6	2	9	10

Regelwürmer

Welche Zahlen fehlen?

Lösung	22	29	35	43	53	54	63	64	66
Feld	1	6	8	9	3	4	2	11	5

Welche Regel gehört zu welchem Regelwurm?

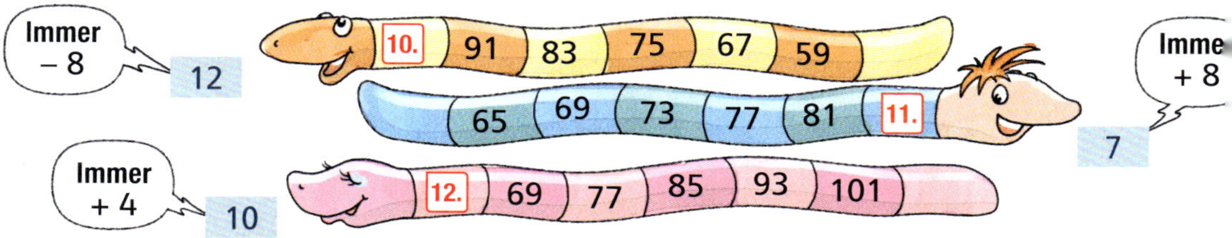

Ist die Figur achsensymmetrisch?

1.

ja 3 nein 5

2.

ja 11 nein 10

3.

ja 7 nein 8

4.

ja 4 nein 9

5.

ja 6 nein 2

6.

ja 12 nein 1

Ist die Spiegelachse richtig eingezeichnet?

7.

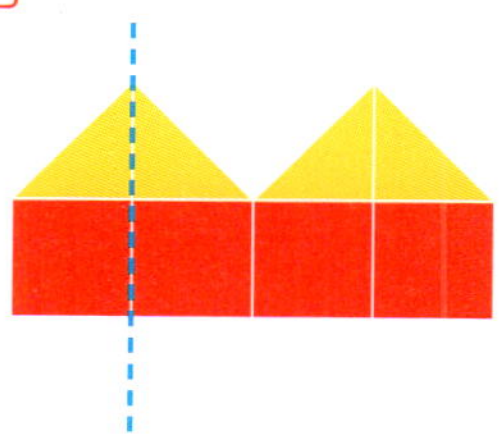

ja 9 nein 10

8.

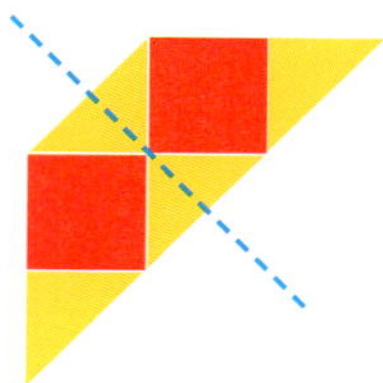

ja 5 nein 1

9.

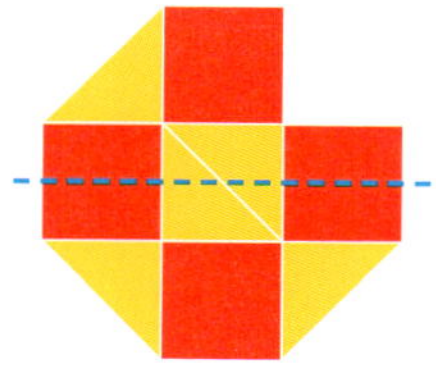

ja 6 nein 7

Wie viele Spiegelachsen hat die Zahl?

10. 8

11. 3

12. 6

Lösung	0	1	2
Feld	6	1	9

Sachrechnen: Im Sportgeschäft

Kannst du die Frage beantworten ohne zu rechnen?

1.	Wie alt ist das Mädchen?	ja	4	nein	7
2.	Wie viel Geld kosten die Sportschuhe?	ja	3	nein	6
3.	Wie viel Geld bekommt der Vater zurück?	ja	10	nein	12
4.	Wie viel Geld hat der Junge in der Hand?	ja	8	nein	1

Nun musst du rechnen!

5. Wie viel Geld muss der Vater bezahlen?
6. Wie viel Geld bekommt der Junge zurück?
7. Wie viel Geld bekommt der Vater zurück?
8. Wie viel Geld bekommt das Mädchen zurück?
9. Wie viel Geld müssen alle zusammen bezahlen?

Lösung	Feld
2 €	9
6 €	4
9 €	2
41 €	6
63 €	11

Ist die Information wichtig zum Rechnen?

10.	Welche Farbe haben die Sportschuhe?	ja	5	nein	1
11.	Wie viel Geld hat jeder?	ja	5	nein	4
12.	Wie viel Geld kostet jedes Teil?	ja	10	nein	9

Sportfest in der Waldschule

Klasse	Goldurkunde	Silberurkunde	Bronzeurkunde	Nicht teilgenommen
1	4	11	9	0
2	5	8	10	1
3	3	13	7	2
4	4	16	4	0

1. Welche Klasse hat die meisten Goldurkunden gewonnen?

Lösung	1	2	3	4
Feld	4	6	1	5

2. Welche Klasse hat die meisten Silberurkunden gewonnen?

Lösung	1	2	3	4
Feld	1	7	5	4

3. Welche Klasse hat die meisten Bronzeurkunden gewonnen?

Lösung	1	2	3	4
Feld	1	1	5	7

4. Wie viele Kinder der Schule haben nicht teilgenommen?

Lösung	1	2	3	4
Feld	11	3	5	7

5. In welche Klasse gehen die meisten Schüler?

Lösung	1	2	3	4
Feld	10	3	7	11

6. Welche Urkunde wurde am häufigsten verliehen?

Lösung	Gold	Silber	Bronze
Feld	2	3	11

7. Wie viele Goldurkunden wurden verliehen?

Lösung	14	15	16	17
Feld	12	2	11	8

8. Welche Klasse hat weniger Silber- als Bronzeurkunden erhalten?

Lösung	1	2	3	4
Feld	2	10	8	9

9. In welcher Klasse haben die meisten Kinder nicht teilgenommen?

Lösung	1	2	3	4
Feld	12	9	2	8

10. Welche Klasse erhielt 2 Silberurkunden mehr als Bronzeurkunden?

Lösung	1	2	3	4
Feld	12	9	9	6

11. Wie viele Kinder gehen in die 1. Klasse?

Lösung	23	24	25	26
Feld	4	8	9	6

12. Welche Klasse hat die meisten Gold- und Silberurkunden gewonnen?

Lösung	1	2	3	4
Feld	2	12	8	9

Multiplizieren

Finde zu jeder Mal-Aufgabe die Tauschaufgabe und das Ergebnis.

1. Tauschaufgabe
2. Ergebnis

3. Tauschaufgabe
4. Ergebnis

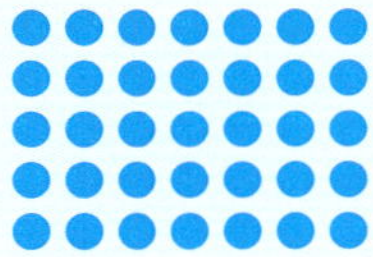

5. Tauschaufgabe
6. Ergebnis

7. Tauschaufgabe
8. Ergebnis

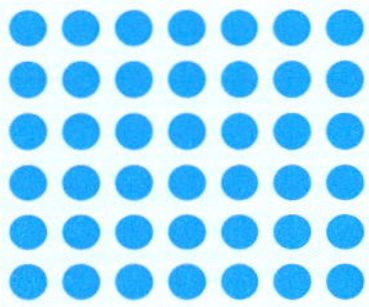

9. Tauschaufgabe
10. Ergebnis

11. Tauschaufgabe
12. Ergebnis

Lösung	4 · 5	5 · 3	6 · 4	7 · 5	7 · 6	8 · 4	15	20	24	32	35	42
Feld	5	9	12	3	10	4	11	2	8	1	7	6

Aufgaben mit der Null

1. $6 - 6 =$ ______

Lösung	0	1	6
Feld	8	12	9

2. $6 - 0 =$ ______

Lösung	0	1	6
Feld	8	7	12

3. $6 \cdot 0 =$ ______

Lösung	0	1	6
Feld	9	11	3

4. $0 \cdot 4 =$ ______

Lösung	0	1	4
Feld	7	11	12

5. $4 - 4 =$ ______

Lösung	0	1	4
Feld	3	6	7

6. $4 + 0 =$ ______

Lösung	0	1	4
Feld	3	9	11

7. $6 + 0 =$ ______

Lösung	0	1	6
Feld	6	2	1

8. $6 \cdot 0 =$ ______

Lösung	0	1	6
Feld	6	10	2

9. $6 - 0 =$ ______

Lösung	0	1	6
Feld	4	1	10

10. $0 \cdot 8 =$ ______

Lösung	0	1	8
Feld	2	5	6

11. $0 + 8 =$ ______

Lösung	0	1	8
Feld	10	5	4

12. $0 : 8 =$ ______

Lösung	0	1	8
Feld	5	1	6

Dividieren

Es sind 12 Kinder. Durch-Aufgabe 12 : 3 Es sind 4 Gruppen.

Es sind 12 Kinder. Immer zwei in einer Gruppe.	**1.** Durch-Aufgabe ______	**2.** Es sind _____ Gruppen.
Es sind 12 Kinder. Immer drei in einer Gruppe.	**3.** Durch-Aufgabe ______	**4.** Es sind _____ Gruppen.
Es sind 12 Kinder. Immer sechs in einer Gruppe.	**5.** Durch-Aufgabe ______	**6.** Es sind _____ Gruppen.
Es sind 14 Kinder. Immer zwei in einer Gruppe.	**7.** Durch-Aufgabe ______	**8.** Es sind _____ Gruppen.
Es sind 15 Kinder. Immer drei in einer Gruppe.	**9.** Durch-Aufgabe ______	**10.** Es sind _____ Gruppen.
Es sind 15 Kinder. Immer fünf in einer Gruppe.	**11.** Durch-Aufgabe ______	**12.** Es sind _____ Gruppen.

Lösung	12 : 2	12 : 3	12 : 6	14 : 2	15 : 3	15 : 5	2	3	4	5	6	7
Feld	6	9	3	11	10	4	1	7	5	12	2	8

Verteilen

1. Durch-Aufgabe ______

2. ____ Äpfel auf jedem Teller.

3. Durch-Aufgabe ______

4. ____ Bananen auf jedem Teller.

5. Durch-Aufgabe ______

6. ____ Nüsse auf jedem Teller.

15 Äpfel, 5 Teller

7. Durch-Aufgabe ______

8. ____ Äpfel auf jedem Teller.

16 Bananen, 8 Teller

9. Durch-Aufgabe ______

10. ____ Bananen auf jedem Teller.

18 Nüsse, 2 Teller

11. Durch-Aufgabe ______

12. ____ Nüsse auf jedem Teller.

Lösung	15 : 3	15 : 5	16 : 4	16 : 8	18 : 2	18 : 3	2	3	4	5	6	9
Feld	9	4	11	12	6	5	3	2	10	8	7	1

Verdoppeln

Das **Doppelte** von 4 ist 8.
$2 \cdot 4 = 8$

Finde die Mal-Aufgabe und das Ergebnis.

1. Mal-Aufgabe ______
2. Ergebnis ______

3. Mal-Aufgabe ______
4. Ergebnis ______

5. Mal-Aufgabe ______
6. Ergebnis ______

7. Mal-Aufgabe ______
8. Ergebnis ______

9. Mal-Aufgabe ______
10. Ergebnis ______

11. Mal-Aufgabe ______
12. Ergebnis ______

Lösung	2 · 1	2 · 2	2 · 3	2 · 4	2 · 5	2 · 6	2	4	6	8	10	12
Feld	4	9	10	8	3	7	12	1	2	11	6	5

Halbieren

Die **Hälfte** von 6 ist 3.
$6 : 2 = 3$

Finde die Durch-Aufgabe und das Ergebnis.

1. Durch-Aufgabe ______
2. Ergebnis ______

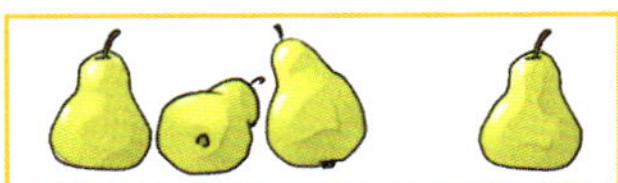

3. Durch-Aufgabe ______
4. Ergebnis ______

5. Durch-Aufgabe ______
6. Ergebnis ______

7. Durch-Aufgabe ______
8. Ergebnis ______

9. Durch-Aufgabe ______
10. Ergebnis ______

11. Durch-Aufgabe ______
12. Ergebnis ______

Lösung	4 : 2	8 : 2	10 : 2	12 : 2	14 : 2	16 : 2	2	4	5	6	7	8
Feld	2	5	8	7	6	1	12	4	3	11	10	9

Einmaleins mit 10 und mit 5

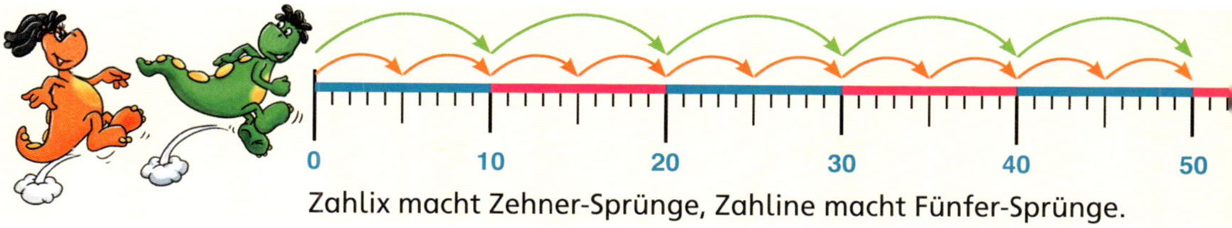

Zahlix macht Zehner-Sprünge, Zahline macht Fünfer-Sprünge.

Bei welcher Zahl landet Zahlix?

Zahline möchte zur selben Zahl. Wie viele Sprünge macht sie?

1. 2 · 10 = ____	**5.** ____ · 10 = 10	**9.** 3 · 10 = ____
2. ____ · 5	**6.** ____ · 5	**10.** ____ · 5
3. 5 · 10 = ____	**7.** 4 · 10 = ____	**11.** 6 · 10 = ____
4. ____ · 5	**8.** ____ · 5	**12.** ____ · 5

Lösung	1	2	4	6	8	10	12	20	30	40	50	60
Feld	1	5	12	10	6	3	11	4	2	9	7	8

Durchaufgaben mit 10 und 5

1. 20 : 10 = ____ (20)	**5.** 30 : 10 = ____ (30)	**9.** 10 : 10 = ____ (10)
2. 20 : 5 = ____	**6.** 30 : 5 = ____	**10.** 10 : 5 = ____
3. 50 : 10 = ____ (50)	**7.** 40 : 10 = ____ (40)	**11.** 100 : 10 = ____ (100)
4. 50 : 5 = ____	**8.** 40 : 5 = ____	**12.** 100 : 5 = ____

Lösung	1	2	3	4	5	10	2	4	6	8	10	20
Feld	10	1	3	2	9	4	7	11	6	5	8	12

Gemischte Aufgaben

1. 2 · 10 = ____	**4.** 7 · 10 = ____	**7.** 3 · 5 = ____	**10.** 2 · 5 = ____
2. 6 · 10 = ____	**5.** 9 · 10 = ____	**8.** 9 · 5 = ____	**11.** 5 · 5 = ____
3. 5 · 10 = ____	**6.** 8 · 10 = ____	**9.** 1 · 5 = ____	**12.** 7 · 5 = ____

Lösung	5	10	15	20	25	35	45	50	60	70	80	90
Feld	6	10	9	4	12	7	2	11	8	3	1	5

Einmaleins mit 3

Ergänze die fehlenden Zahlen!

	1.	2.	3.	4.	5.	6.
Kinder	1		5		7	8	
Tücher	3	9		18			30

7. 15 = ______ · 3	8. 24 = ______ · 3	9. 3 = ______ · 3
10. 21 = ______ · 3	11. 27 = ______ · 3	12. 0 = ______ · 3

Lösung	0	1	3	5	6	7	8	9	10	15	21	24
Feld	4	6	2	7	5	8	3	12	10	9	1	11

Einmaleins mit 4

Ergänze die fehlenden Zahlen!

	1.	2.	3.	4.	5.	6.
Bretter	1		4		6	8	10
Rollen	4	12		20			

7. 16 = ______ · 4	8. 24 = ______ · 4	9. 32 = ______ · 4
10. 0 = ______ · 4	11. 28 = ______ · 4	12. 36 = ______ · 4

Lösung	0	3	4	5	6	7	8	9	16	24	32	40
Feld	9	3	10	1	12	8	2	11	6	4	7	5

Gemischte Aufgaben

1. 5 · 3 = ___	4. 9 : 3 = ___	7. 5 · 4 = ___	10. 8 : 4 = ___
2. 6 · 3 = ___	5. 24 : 3 = ___	8. 6 · 4 = ___	11. 24 : 4 = ___
3. 9 · 3 = ___	6. 0 : 3 = ___	9. 8 · 4 = ___	12. 4 : 4 = ___

Lösung	0	1	2	3	6	8	15	18	20	24	27	32
Feld	11	5	2	7	3	4	8	12	1	6	10	9

Einmaleins mit 2, 3, 4 und 5

	·2	·3	·7.	·5
4	1.	4.	16	10.
7	2.	5.	8.	11.
9	3.	6.	9.	12.

Lösung	4	8	12	14	18	20	21	27	28	35	36	45
Feld	12	5	6	4	2	11	8	3	10	7	1	9

Kreative Aufgaben: Malplus

·5	
4	20
6	30
10	50

·5	
2	1.
5	2.
7	3.

·3	
3	4.
7	5.
10	6.

·4	
5	7.
3	8.
8	9.

·4	
10.	20
11.	12
12.	32

Lösung	3	5	8	9	10	12	20	21	25	30	32	35
Feld	6	3	1	10	9	8	4	11	2	7	12	5

Plus, minus, mal, durch

1. $2 \cdot 4 + 3 =$ __	5. $10 \cdot 10 - 1 =$ __	9. $18 : 2 + 3 =$ __
2. $10 \cdot 5 - 3 =$ __	6. $7 \cdot 5 + 8 =$ __	10. $45 : 5 - 1 =$ __
3. $6 \cdot 3 + 5 =$ __	7. $24 : 4 - 6 =$ __	11. $21 : 3 + 6 =$ __
4. $8 \cdot 2 - 9 =$ __	8. $90 : 10 + 6 =$ __	12. $44 : 4 - 1 =$ __

Lösung	0	7	8	10	11	12	13	15	23	43	47	99
Feld	7	1	2	10	8	6	12	9	11	4	3	5

Drei Zahlen im Kopf,
vier Aufgaben im Bauch,
zwei Mal-Aufgaben,
zwei Durch-Aufgaben

Wie heißt die Zahl im Mund?

1.

2.

3.

4.

5.

6.

Lösung	10	15	16	24	40	70
Feld	12	2	8	5	4	3

Wie heißt die Zahl im Ohr?

7.

8.

9.

10.

11.

12.

Lösung	3	4	5	8	9	10
Feld	1	9	6	11	10	7

Einmaleins mit 6

Ergänze die fehlenden Zahlen!

		1.	2.	3.	4.	5.	6.
Pedalos	1	2		5	7		10
Räder	6		24			54	

7. 12 = ______ · 6
8. 30 = ______ · 6
9. 6 = ______ · 6
10. 36 = ______ · 6
11. 48 = ______ · 6
12. 60 = ______ · 6

Lösung	1	2	4	5	6	8	9	10	12	30	42	60
Feld	5	3	1	7	4	11	12	8	10	6	9	2

Einmaleins mit 9

Ergänze die fehlenden Zahlen!

		1.	2.	3.	4.	5.	6.
Bahnen	1		3	5			
Kegel	9	18			54	72	90

7. 45 = ______ · 9
8. 63 = ______ · 9
9. 27 = ______ · 9
10. 0 = ______ · 9
11. 81 = ______ · 9
12. 36 = ______ · 9

Lösung	0	2	3	4	5	6	7	8	9	10	27	45
Feld	9	3	5	8	10	4	7	12	11	2	1	6

Gemischte Übungen

1. 5 · 6 = ___
2. 4 · 6 = ___
3. 6 · 6 = ___
4. 6 : 6 = ___
5. 18 : 6 = ___
6. 54 : 6 = ___
7. 5 · 9 = ___
8. 6 · 9 = ___
9. 8 · 9 = ___
10. 36 : 9 = ___
11. 18 : 9 = ___
12. 54 : 9 = ___

Lösung	1	2	3	4	6	9	24	30	36	45	54	72
Feld	2	9	10	7	12	6	5	1	4	8	11	3

Einmaleins mit 8

Ergänze die fehlenden Zahlen!

		1.	2.	3.	4.	5.	6.
Paare	1		4	5		8	10
Räder	8	16			56		

7. 8 = ______ · 8	8. 40 = ______ · 8	9. 72 = ______ · 8
10. 80 = ______ · 8	11. 48 = ______ · 8	12. 64 = ______ · 8

Lösung	1	2	5	6	7	8	9	10	32	40	64	80
Feld	2	7	5	3	8	6	9	1	11	10	4	12

Einmaleins mit 7

Ergänze die fehlenden Zahlen!

		1.	2.	3.	4.	5.	6.
Wochen	1			7		10	
Tage	7	21	35		63		77

7. 14 = ______ · 7	8. 28 = ______ · 7	9. 42 = ______ · 7
10. 0 = ______ · 7	11. 49 = ______ · 7	12. 56 = ______ · 7

Lösung	0	2	3	4	5	6	7	8	9	11	49	70
Feld	3	4	9	5	11	7	1	6	10	12	8	2

Gemischte Aufgaben

1. 5 · 8 = ___	4. 32 : 8 = ___	7. 5 · 7 = ___	10. 42 : 7 = ___
2. 9 · 8 = ___	5. 24 : 8 = ___	8. 9 · 7 = ___	11. 63 : 7 = ___
3. 8 · 8 = ___	6. 56 : 8 = ___	9. 7 · 7 = ___	12. 56 : 7 = ___

Lösung	3	4	6	7	8	9	35	40	49	63	64	72
Feld	6	10	3	8	2	5	4	9	11	1	12	7

Welche Zahl ist es?

1. Sie gehört zur Neuner-Reihe und liegt zwischen 60 und 70.
2. Sie gehört zur Achter-Reihe und liegt zwischen 25 und 35.
3. Sie ist eine Quadratzahl und hat an einer Stelle eine 3.
4. Sie ist eine Quadratzahl und liegt zwischen 40 und 50.
5. Sie ist das Doppelte von 7.
6. Sie ist die Hälfte von 40.

Lösung	14	20	32	36	49	63
Feld	3	12	5	9	2	7

Hier fehlt eine Zahl im Kopf. Findest du sie?

7.

8.

9.

10.

11.

12.

Lösung	6	7	8	9	15	28
Feld	4	6	10	1	8	11

Plus, minus, mal, durch

1. $4 \cdot 9 + 6 =$ __
2. $7 \cdot 8 - 9 =$ __
3. $5 \cdot 3 + 15 =$ __
4. $3 \cdot 6 + 11 =$ __
5. $7 \cdot 4 - 16 =$ __
6. $9 \cdot 2 + 32 =$ __
7. $81 : 9 + 22 =$ __
8. $27 : 3 - 9 =$ __
9. $56 : 7 + 8 =$ __
10. $72 : 8 - 5 =$ __
11. $18 : 2 + 45 =$ __
12. $42 : 6 + 28 =$ __

Lösung	0	4	12	16	29	30	31	35	42	47	50	54
Feld	4	11	8	7	12	2	6	3	5	10	9	1

Addieren mit zweistelligen Zahlen

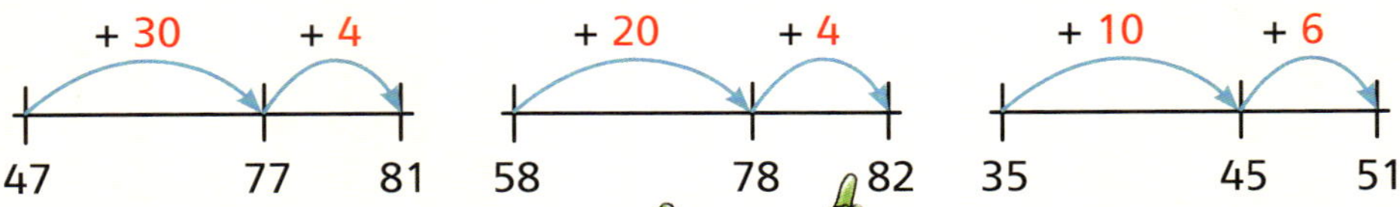

1. 47 + 34 = ____	5. 58 + 24 = ____	9. 35 + 16 = ____
2. 47 + 27 = ____	6. 58 + 37 = ____	10. 35 + 48 = ____
3. 47 + 45 = ____	7. 58 + 15 = ____	11. 35 + 37 = ____
4. 47 + 39 = ____	8. 58 + 29 = ____	12. 35 + 29 = ____

Lösung	51	64	72	73	74	81	82	83	86	87	92	95
Feld	7	6	1	3	11	10	2	4	9	5	8	12

10

Schau auf die Einer. Die Zehnerfreunde helfen.

1. 27 + 63 = ____	4. 32 + 28 = ____	7. 43 + 27 = ____	10. 25 + 15 = ____
2. 65 + 15 = ____	5. 29 + 41 = ____	8. 19 + 11 = ____	11. 76 + 24 = ____
3. 16 + 24 = ____	6. 14 + 16 = ____	9. 62 + 28 = ____	12. 31 + 19 = ____

Lösung	30	40	60	70	80	90	**Lösung**	30	40	50	70	90	100
Feld	12	2	10	8	5	9	**Feld**	11	3	6	4	7	1

1. 35 + 38 = ____	4. 34 + 27 = ____	7. 28 + 52 = ____	10. 35 + 59 = ____
2. 59 + 39 = ____	5. 35 + 25 = ____	8. 73 + 28 = ____	11. 52 + 18 = ____
3. 47 + 34 = ____	6. 58 + 24 = ____	9. 47 + 49 = ____	12. 77 + 25 = ____

Lösung	60	61	70	73	80	81	82	94	96	98	101	102
Feld	2	6	7	11	12	8	3	5	1	4	10	9

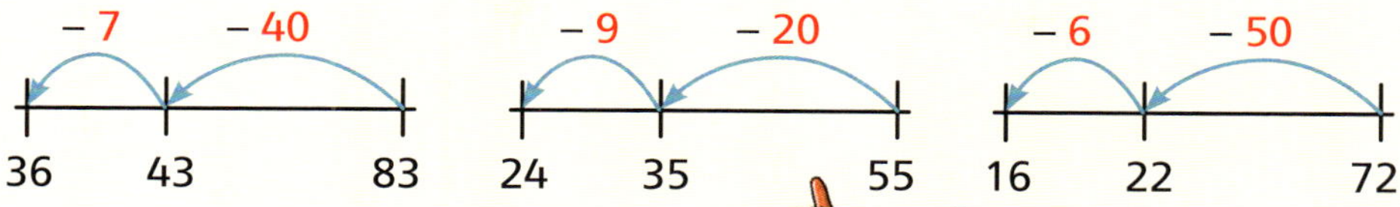

1. 83 – 47 = ____	5. 55 – 29 = ____	9. 72 – 56 = ____
2. 83 – 54 = ____	6. 55 – 47 = ____	10. 72 – 18 = ____
3. 83 – 79 = ____	7. 55 – 36 = ____	11. 72 – 57 = ____
4. 83 – 66 = ____	8. 55 –18 = ____	12. 72 – 49 = ____

Lösung	4	8	15	16	17	19	23	26	29	36	37	54
Feld	1	5	8	2	4	10	11	7	6	3	12	9

Schau auf die Einer.

1. 83 – 23 = ___	4. 99 – 19 = ___	7. 62 – 32 = ___	10. 95 – 25 = ___
2. 64 – 44 = ___	5. 86 – 16 = ___	8. 54 – 44 = ___	11. 86 – 26 = ___
3. 78 – 38 = ___	6. 51 – 41 = ___	9. 89 – 39 = ___	12. 41 – 21 = ___

Lösung	10	20	40	60	70	80	Lösung	10	20	30	50	60	70
Feld	4	3	5	2	11	1	Feld	9	10	7	6	12	8

1. 53 – 28 = ___	4. 67 – 49 = ___	7. 63 – 28 = ___	10. 36 – 29 = ___
2. 82 – 69 = ___	5. 56 – 17 = ___	8. 87 – 29 = ___	11. 72 – 44 = ___
3. 21 – 17 = ___	6. 36 – 19 = ___	9. 47 – 28 = ___	12. 83 – 56 = ___

Lösung	4	7	13	17	18	19	25	27	28	35	39	58
Feld	10	2	12	11	7	9	8	5	3	1	4	6

Kannst du die Frage beantworten ohne zu rechnen?

1.	Wie viel Geld kostet eine Portion Pommes?	ja	9	nein	5
2.	Wie viel Geld kosten 10 Törtchen?	ja	3	nein	1
3.	Wann beginnt die Theatervorstellung?	ja	6	nein	11
4.	Wie viel Geld kosten 3 Flaschen Limo?	ja	8	nein	10
5.	Wann beginnt der Gottesdienst?	ja	12	nein	9
6.	Wie lange dauert der Gottesdienst?	ja	5	nein	2
7.	Wie viele Punkte hat Leon geworfen?	ja	10	nein	4
8.	Wann ist die Tombola zu Ende?	ja	7	nein	8

Ist die Information zum Rechnen der folgenden Sachaufgaben wichtig?

9.	Wie ist die Pizza belegt?	ja	12	nein	5
10.	Welche Farbe haben die Pfeile?	ja	4	nein	3
11.	Wie viele Kinder gehen zum Gottesdienst?	ja	10	nein	11
12.	Wie viel Geld hat Martin beim Schulfest dabei?	ja	8	nein	1